Audi

Wie alles begann ...

Die visuelle Biografie
August Horch 1868-1951

Audi
Wie alles begann ...

 tredition®

Copyright 2012 Sieger Heinzmann

Konzeption und Gestaltung Sieger Heinzmann

Redaktion Sieger Heinzmann, Thomas Zehender

Abbildungen Unternehmensarchiv der Audi AG und Archiv Schiller: Seite 5 links unten, Seite 7 rechts oben, Seite 8 links oben, Seite 10 links, Seite 19 rechts oben, Seite 21 rechts; Archiv Kirchberg: Seite 20 rechts, Seite 45 links; Foto Hornung: Seite 7 rechts oben, Seite 14 rechts oben; Sammlung Motorradmuseum Augustusburg: Seite 18 links

Verlag tredition GmbH, Hamburg

ISBN 978-3-8491-8344-8

Der Autor

Die visuelle Biografie

Sieger Heinzmann
Dipl.-Grafik-Designer (hfg ulm)

Der gebürtige Neu-Ulmer Sieger Heinzmann studiert von 1963 bis 1967 an der legendären Hochschule für Gestaltung in Ulm (hfg) „Visuelle Kommunikation". Im praktischen Teil seiner Diplom-Arbeit entwickelt er das neuartige Buchkonzept einer „Visuellen Biografie".

Im theoretischen Teil ist Heinzmann seiner Zeit weit voraus. Er beschäftigt sich mit der Schriftentwicklung im Hinblick auf die automatische Zeichenerkennung.

Zusammenarbeit mit Otl Aicher
Von 1966 bis 1968 arbeitet Heinzmann unter anderem an folgenden Projekten des international renommierten Gestalters und Publizisten Otl Aicher mit: Erscheinungsbild der Olympischen Spiele München (1972) mit Entwicklung der Piktogramme, Erscheinungsbild der Hamburger Werft Blohm + Voss, Informationsbroschüre der Bundesrepublik Deutschland für die Weltausstellung Montreal.

heinzmann design werbeagentur gmbh
1970 gründet Heinzmann seine eigene Werbeagentur in Ulm. Mit seinem Experten-Team betreut er bis heute namhafte Kunden aus allen Bereichen der Wirtschaft, dem Sport und öffentlichen Einrichtungen. Seine Full-Service-Agentur mit dem Schwerpunkt „Visuelle Kommunikation" zählt zu den ältesten, ununterbrochen existierenden Werbeagenturen in Ulm.

Zurück zu den Anfängen
2010 zeigt das Ulmer Museum anlässlich des 88. Geburtstags von Otl Aicher († 1991) Werke seiner ehemaligen Studenten, Kollegen und Freunde. Von Sieger Heinzmann ist das Konzept seiner „Visuellen Biografie" zu sehen. In ihm reift der Entschluss, das neuartige Buchkonzept über Leben und Werk berühmter Erfinder gemeinsam mit dem Ulmer Journalisten Thomas Zehender endlich in die Tat umzusetzen.

heinzmann collection *Berühmte Erfinder*
Der erste Band der heinzmann collection – „Die visuelle Biografie Ferdinand Porsche 1875 - 1951" – wird im Herbst 2010 veröffentlicht. 2011 folgt der zweite Band über Gottlieb Daimler, Carl Benz und Wilhelm Maybach. Der dritte Band über August Horch und Audi erscheint im Jahr 2013.

Das neuartige Buchkonzept „visuelle Biografien berühmter Erfinder" verbindet hohen Informationsgehalt mit leichter Lesbarkeit. Bilder und Texte sind eindeutig zugeordnet und als Ganzes gestalterisch klar gegliedert. Das Schwergewicht liegt auf der Bildinformation.

Diese Eigenschaften zeichnen das Buch als zeitgemäßes Nachschlagewerk für Erwachsene und Jugendliche aus. Es unterscheidet sich von konventionellen textlastigen Biografien ebenso wie von reinen Bildbänden.

Sieger Heinzmann

Inhalt

1 Aus vier mach eins:
die Auto Union

3 August Horch

4 Mobilität in neuer Form

5 NSU – von der Strickmaschine zum
Motorrad

6 Das erste Automobil von Horch

7 Horch gründet AG in Zwickau

8 Wanderer – eine Traditionsmarke

9 Sportliche Erfolge

10 Namensstreit – Horch heißt jetzt Audi

11 Der erste Audi aus Zwickau

14 Erfolg mit Wanderer „Puppchen"

15 Audi – der „Alpensieger"

17 Horch – die Konkurrenz

18 DKW – über die Dampftechnik zum
Automobil

19 Audi setzt auf Linkslenkung

20 Horch-Achtzylinder von Paul Daimler

21 Erste Versuche mit Leichtbauweise

22 Elektrowagen aus Sperrholz

23 Deutschland im Autoboom

24 Audi – „Noblesse oblige"

25 Der erste Achtzylinder von Audi

26 NSU und der Motorradboom

27 Horch – Seriensieger bei Schönheits-
wettbewerben

28 DKW-Kleinwagen

29 Audi setzt auf Frontantrieb

30 Horch beherrscht die Luxusklasse

31 Wanderer verpflichtet Porsche

33 In Chemnitz entsteht die Auto Union AG

35 Im Zeitalter der Massenmotorisierung

36 Stromlinien-Karosserie

37 Horch fährt der Konkurrenz davon

38 Frischer Wind bei Wanderer
Auto Union im Rennsport

39 Vom Nebeneinander zum Miteinander

41 Entwicklung aus einer Hand

42 DKW schlägt alle Absatzrekorde

43 München – Berlin unter vier Stunden

44 Auto Union Rennwagen

46 Auto Union wird enteignet

47 Neugründung

48 Erster DKW-Personenwagen nach
dem Krieg

50 Straßenverkehr im Wirtschaftswunder

51 NSU schreibt Erfolgsgeschichten

53 Langstrecken-Weltrekord

54 Die neue Tochter von Daimler-
Benz

55 DKW Junior und NSU Wankelmotor

56 VW übernimmt Regie bei Auto
Union

57 Neuer Audi mit Viertaktmotor

58 Spitzenmodell Audi 100

60 Oberklasse und Allrad

61 Audi beherrscht den Rallye-Sport

62 In Ingolstadt: Audi AG

Aus vier mach eins: die Auto-Union
Das Logo mit den vier Ringen und dem
Audi-Schriftzug bildet eine Einheit – wie
ist sie entstanden?

Am 29. Juni 1932 schließen sich die vier
bedeutendsten Autohersteller in Sachsen
zur Auto Union zusammen: Audi, DKW,
Horch und die Automobilabteilung von
Wanderer. Firmensitz ist bis 1936 Zschopau, dann Chemnitz. Unter dem gemeinsamen Dach der Auto Union werden die
Automobile weiter unter den Namen ihrer
ursprünglichen Marken verkauft.

Nach dem zweiten Weltkrieg wird die
Auto Union, die sich in der sowjetischen
Besatzungszone befindet, aufgelöst. Im
Westen erfolgt jedoch die Neugründung,
1945 zunächst als Zentraldepot für Auto
Union Ersatzteile GmbH. Aus rechtlichen
Gründen muss die Auto Union 1949/50
neu gegründet werden. Produziert wird
nun in Ingolstadt unter dem Markenna-
men DKW.

Von 1958 bis 1959 übernimmt die Daimler Benz AG die Auto Union komplett,
von 1964 bis 1966 wechselt sie ebenfalls
vollständig unter das Dach der Volkswagen AG; jetzt wird die Marke Audi wieder
belebt.
1965 kommt der erste Audi nach dem
Krieg auf den Markt, zunächst ohne weiteren Zusatz zum Markennamen.

1969 übernimmt die Auto Union GmbH die
NSU AG in Neckarsulm und firmiert nun
als Audi NSU Auto Union AG. Seit dem 1.
Januar 1985 heißt das Unternehmen Audi
AG, der Sitz wird nach Ingolstadt verlegt.

August Horch kommt am 12. Oktober 1868 in Winningen an der Mosel auf die Welt. Nach seiner Ausbildung zum Ingenieur am Technikum im sächsischen Mittweida arbeitet er von 1896 bis 1899 bei Carl Benz in Mannheim, zuletzt als Leiter der Abteilung Motorwagenbau. In Köln wagt er mit einer Reparaturwerkstatt den Schritt in die Selbstständigkeit und baut bereits 1901 sein erstes eigenes Automobil.

Ein Jahr später zieht er mit seinem Betrieb nach Reichenbach im Vogtland um. Im Jahr 1904 folgt ein weiterer Ortswechsel: Die Horch-Werke siedeln sich in Zwickau an.

Nach einer internen Auseinandersetzung verlässt August Horch sein eigenes Unternehmen und gründet kurz darauf eine neue Automobilfirma, die seit 1910 den Namen Audi trägt – die lateinische Übersetzung seines Familiennamens. 1920 verlässt er den Vorstand der Audiwerke AG und arbeitet fortan als Sachverständiger und Gutachter im Kraftfahrzeugwesen.

Als 1932 die Auto Union AG gegründet wird, erhält August Horch ein Mandat im Aufsichtsrat. Im Alter von 83 Jahren stirbt August Horch am 3. Februar 1951; er wird in seiner Heimatstadt Winningen beigesetzt.

1868 - 1951

Pionier der Kraftfahrzeugtechnik

Den Namen von August Horch tragen einige der gestalterisch und technisch faszinierendsten Automobile der 30er- und 40er-Jahre. Horchs Verdienst sind seine herausragenden Leistungen als Ingenieur, er gilt deshalb als Pionier der Kraftfahrzeugtechnik. So setzt er zum Beispiel erstmals Aluminium im Motorenbau ein und verbindet Motor und Hinterachse mit einem Kardanantrieb. Auch die Linkssteuerung, erstmals bei einem Audi-Wagen verwirklicht, geht auf die Initiative von August Horch zurück.

Mobilität in neuer Form

Technischer Fortschritt, Aufbruchstimmung und neue Formen der Mobilität prägen die Zeit um die Jahrhundertwende. Schon 1899 sind auf den Straßen mehr Fahrräder als Personenfuhrwerke unterwegs.

Im Jahr 1886 vollendet Carl Benz das erste Automobil – einen selbstfahrenden Wagen also, den ein Verbrennungsmotor antreibt. In August Horch findet er den idealen Partner für die Leitung des Motorwagenbaus.

Drei Jahre lang arbeitet Horch für Benz, bis er sich dann mit einer eigenen Fertigung selbstständig macht. In Köln gründet er am 14. November 1899 die August Horch & Cie.

1896 - 1899

Von der Strickmaschine zum Motorrad

In Riedlingen an der Donau gründen die Mechaniker Christian Schmidt und Heinrich Stoll im Jahr 1873 eine mechanische Werkstatt, in der sie Strickmaschinen herstellen. 1880 wird die Produktion nach Neckarsulm verlegt, die Neckarsulmer Strickwarenfabrik AG entsteht.

Typisch für die damalige Zeit ist der schnelle Wechsel zu völlig anderen Produkten: 1886 beginnt in Neckarsulm die Herstellung von Fahrrädern – zunächst als Hochräder, kurz darauf als viel gefragte Niederräder.

Als Markenzeichen dienen die drei Buchstaben NSU als Abkürzung für Neckarsulm sowie ein Hirschhorn in Anlehnung an das württembergische Staatswappen. Die Bildmarke „NSU im Hirschhorn" wird am 25.2.1897 unter Nr. 22389 in die Warenzeichenrolle eingetragen.

Strickmaschinen verschwinden 1892 endgültig aus dem Programm. Stattdessen verlegen sich die Neckarsulmer Fahrradwerke, wie das Unternehmen inzwischen heißt, im Jahr 1901 auf den Bau von Motorrädern. Anfangs kommen die Motoren noch aus der Schweiz, von 1903 an werden eigene Motoren mit zwei bis 3,5 PS Leistung gebaut. Eine 300 Meter lange Prüf- und Vorführstrecke auf dem Betriebsgelände unterstreicht die Ambitionen von NSU als erste Motorradfabrik in Deutschland mit größerer Serienproduktion. Anfangs heißen die Motorräder noch „Neckarsulm", ab 1904 setzt sich die Abkürzung NSU durch.

Gertrud Eisenmann stellt mit NSU-Motorrädern mehrere Rekorde auf und gewinnt zahlreiche Langstreckenfahrten.

Gertrud Eisenmann auf einem 2 PS-Motorrad aus Neckarsulm (1905)

Für Ostindien: „Original Neckarsulmer Motorrad" mit Anhängekorb für Sozia

1900

Das erste Automobil von Horch

Schon das erste Automobil von August Horch überrascht durch seine fortschrittliche Bauweise: Der Motor liegt vor dem Fahrer, zwei Zylinder teilen sich einen gemeinsamen Verbrennungsraum. Dieses Prinzip bezeichnet Horch als „stoßfreien" Motor, weil er ruhiger läuft als die bisher üblichen Konstruktionen.

Umzug nach Sachsen

1902 zieht August Horch nach Sachsen. Ein mittelständischer Unternehmer unterstützt ihn finanziell bei der Gründung der August Horch & Cie Motor- und Motorwagenbau in Reichenbach. Horch entwickelt neue Ideen wie den Kardanantrieb für die Kraftübertragung vom Motor an die Räder. Er fertigt Kurbelgehäuse sowie Gehäuse von Getriebe und Differenzial aus Leichtmetall. Damit ist er im Motorenbau seiner Zeit weit voraus.

Stoßfreier Motor

1901

1902

Horch gründet AG in Zwickau

Horch verlegt erneut den Firmensitz und gründet am 10. Mai 1904 die August Horch Motorwagenwerke AG in Zwickau. Die fortschrittlichen Fahrzeuge sind sehr gefragt, so dass die Produktion von 18 Autos im Jahr 1903 auf 94 im Jahr 1907 steigt. Zudem treibt Horch den technischen Fortschritt voran: Aus Zwickau kommen nur noch Horch-Automobile mit Vierzylinder-Motoren!

Das Horch-Firmenzeichen

Schwan und Stadtwappen zieren anfangs noch das Firmenzeichen der Horch AG. Später verläuft nur der aus Messingblech gesägte Schriftzug quer über den Kühler.

August Horch in Reichenbach/Sachsen

1903 – 1904

Wanderer – eine Traditionsmarke

Johann Baptist Winklhofer und Richard Adolf Jaenicke gründen im Jahr 1885 in Chemnitz eine Fahrrad-Reparaturwerkstatt. Aus der Werkstatt entsteht nach und nach eine Traditionsmarke im deutschen Fahrzeugbau.

Im Jahr 1902 bringt Wanderer sein erstes Motorrad auf den Markt: eine Einzylinder-Maschine mit 1,5 PS und ohne Federung. 1910 folgt ein Modell mit Zweizylinder-Motor und gefedertem Hinterrad.

Weitgehend unbemerkt verfolgt Wanderer jedoch seit 1905 den Plan, in die Automobil-Produktion einzusteigen. Ein erster Prototyp mit Zweizylinder-Motor und Platz für zwei Passagiere entsteht, ein weiterer mit Vierzylinder-Motor folgt 1907.

Logo der Wanderer-Werke

Wanderer Prototyp

Wanderer Automobil mit Zweizylindermotor

1904 – 1905

Sportlicher Erfolg

Wie kann ein Automobil-Konstrukteur seine Überlegenheit besser beweisen als durch sportliche Erfolge? Horch sorgt für Aufsehen, als er 1906 die Herkommerfahrt gewinnt. Diese gilt als einer der anspruchsvollsten internationalen Wettbewerbe. Für die Herkommer-Fahrt setzt Horch erstmals einen Motor mit hängenden Einlassventilen ein.

Die Vierzylinder-Motoren aus Zwickau überzeugen durch ihre robuste Technik ebenso wie die gehobene Innenausstattung der Horch-Wagen; die Limousinen leisten 22 oder 40 PS bei einem Hubraum von 2,6 oder beachtlichen 5,8 Litern. Allerdings schlägt der Versuch fehl, einen Motor mit sechs Zylindern zur Serienreife zu bringen.

Horch-Wagen für die Prinz-Heinrich-Fahrt

Horch 23/45 PS Limousine (1908)

August Horch bei der Prinz-Heinrich-Fahrt im Jahr 1908

1906 – 1908

Namensstreit – Horch heißt jetzt Audi

Als die August Horch Automobilwerke GmbH im Jahr 1909 ins Zwickauer Handelsregister eingetragen werden soll, löst dies einen Rechtsstreit um die Namensgebung aus. Noch existieren in Reichenbach die A. Horch & Cie. Motorwagenwerke AG. Sie bekommen vor dem Reichsgericht Leipzig Recht, so dass August Horch seinen Namen nicht einem weiteren Fahrzeughersteller verleihen darf. Jetzt muss schnell ein neuer Name gefunden werden! Während einer quälend langen Sitzung kommt dem Sohn von Franz Fikentscher, Neffe des Horch-Großinvestors, die zündende Idee: AUDI – die lateinische Entsprechung von „Horch!" Am 25. April 1910 wird das neue Unternehmen von August Horch unter dem Namen Audi Automobil-Werke m. b. H. ins Handelsregister Zwickau eingetragen.

1909 – 1910

Der erste Audi aus Zwickau

Gemeinsam mit Hermann Lange, dem Oberingenieur der Vorgängerfirma, macht sich August Horch an die Entwicklung eines neuen Wagens. Es dauert bis zum Juli 1910, dann rollt der erste Audi aus Zwickau auf die Straße. Hermann Lange leistet nun gemeinsam mit dem Diplom-Ingenieur und Chefkonstrukteur Erich Horn die Hauptarbeit der Fahrzeug-Entwicklung, während sich Horch von dieser Aufgabe zurückzieht.

Int. Österreichische Alpenfahrt

Der Name von August Horch auf jedem Werbeplakat und sportliche Erfolge sollen der jungen Marke Audi zu Bekanntheit und Ansehen verhelfen. Bei der Internationalen Österreichischen Alpenfahrt im Mai 1911 sitzt August Horch persönlich am Steuer und gewinnt die Einzelwertung der Fahrer.

August Hermann Lange

Erster Audi aus Zwickau

Audi Sport Phaeton Typ A und B

1910 – 1911

Die Marke Horch nach August Horch

Auch ohne den Namensgeber August Horch behauptet sich die Marke Horch zunächst am Automobil-Markt. Der Chefkonstrukteur Fritz Seidel und der Technische Direktor Heinrich Paulmann lassen sich den Namen Horch durch eine Vielzahl von eingetragenen Warenzeichen erfolgreich schützen – darunter sogar die Schriftmarke „A. Horch"!

Horch Omnibus mit aufsteigenden Sitzreihen als Aussichtswagen

1912

Nutzfahrzeuge von Horch

Neben Personenwagen gewinnen Nutzfahrzeuge bei Horch immer größere Bedeutung: Vor dem Ersten Weltkrieg werden die ersten Lastwagen gebaut. Horch kann dabei auf ein umfangreiches Programm an Vierzylindermotoren zurückgreifen.

Leichte Omnibusse und Lastwagen treiben wahlweise Motoren mit 40 oder 50 PS an.

Für Lastwagen mit drei Tonnen Gesamtgewicht setzt Horch einen 55 PS-Motor ein. Kurz vor dem ersten Weltkrieg folgt ein 33/80 PS-Wagen mit einem gewaltigen Hubraum von acht Litern.

Horch Lieferwagen auf 10/30 PS-Fahrgestell

Horch Phaeton auf 14/40 PS-Fahrgestell

Horch 10/30 PS-Rennwagen

1913

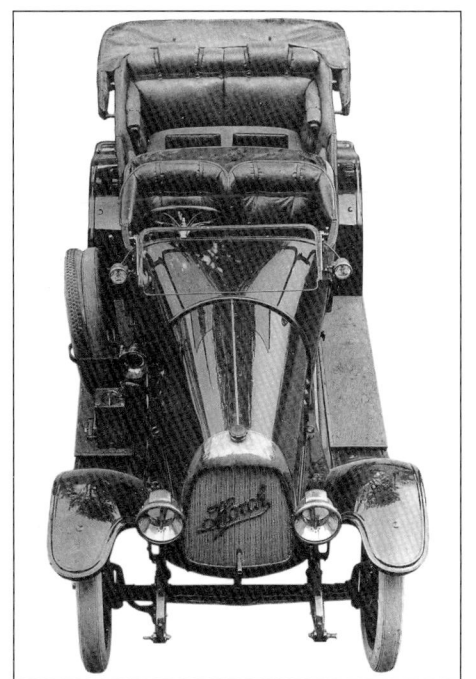

Erfolg mit Wanderer „Puppchen"

Unter dem Eindruck des Steuergesetzes von 1906, das große Wagen erheblich belastet, verfolgt Wanderer weiter das Konzept eines leistungsfähigen Kleinwagens.

Eine ausgedehnte Testfahrt zweier Wanderer-Mitarbeiter über mehr als 2.000 Kilometer bestätigt Marktreife und Konkurrenzfähigkeit. Schließlich beginnt Wanderer im Jahr 1913 mit der Serienfertigung des Kleinwagens, der den Beinamen

„Puppchen" erhält. Die beiden Passagiere sitzen in dem grazilen Fahrzeug hintereinander, ein 12 PS starker Vierzylinder-Motor ist allen Anforderungen seiner Zeit gut gewachsen.

Mit seinem überzeugenden Konzept als Kleinwagen behauptet sich das Puppchen sehr erfolgreich am Markt.

Puppchen – man saß hintereinander

Wanderer W3 Puppchen beim Start zur Katschbergprüfung

Wanderer W3 Puppchen

1913 – 1914

Audi – der „Alpensieger"

Wer beim härtesten Automobilwettbewerb Europas besteht, stärkt seinen Ruf als technisch überlegene Marke. Den größten sportlichen Erfolg erringt Audi bei der Alpenfahrt 1914 – einen der fünf siegreichen Wagen steuert August Horch persönlich.

Konstruktive Details wie die Anordnung der Ventile, das Stirnraddifferenzial im Hinterradgetriebe oder die leistungsfähige Kühlung des Motors gehen alle auf Ideen von August Horch zurück.

Empfang der „Alpensieger"

1914

Motorsport beflügelt den Audi-Absatz
Nach den Siegen bei den Alpenfahrten der Jahre 1912 bis 1914 zeigt sich, wie wertvoll die sportlichen Erfolge für die Marke Audi sind. Produktion und Absatz der Fahrzeuge steigen deutlich.

Zwischen 1911 und 1914 verdoppelt Audi die Zahl der hergestellten Automobile. Mit dem Audi Alpensieger vom Typ B und C liefert August Horch sein Meisterstück als Automobil-Konstrukteur ab.

August Horch am Steuer seines Audi bei der Alpenfahrt 1914   Wartberg-Rennen 1914

1914

16

Horch – die Konkurrenz aus Zwickau

Horch aus Zwickau, die Konkurrenz zu Audi, baut sein Modellprogramm zügig aus. Im Jahr 1914 besteht das Angebot aus vier Grundtypen in verschiedenen Versionen. Die Vierzylindermotoren in wirtschaftlicher Blockbauweise leisten 30, 40, 50 und 60 PS. Ein Kleinstwagen mit 14 PS und technisch anspruchsvolle ventillose Schiebermotoren schaffen es vor dem Ersten Weltkrieg jedoch nicht mehr bis zur Marktreife.

Horch Phaeton 25/60 PS

Horch Phaeton 14/40 PS – geliefert an den Scheich Ül Islam.

1914 – 1917

Über die Dampftechnik zum Automobil

Dampftechnik ist die Welt des Dänen Jörgen Skafte Rasmussen, der im sächsischen Zschopau allerlei Armaturen und Zubehör für Dampfkessel herstellt. In den Kriegsjahren mangelt es an Benzin und Diesel. Gemeinsam mit dem Ingenieur Mathiessen versucht Rasmussen deshalb, die Dampftechnik als Antrieb für Automobile und Lastkraftwagen einzusetzen. Letztlich bleibt es bei den glücklosen Experimenten, die 1920 ihr Ende finden. Nur die Marke **DKW**, abgekürzt für **D**ampf**K**raft**W**agen, und ein erstes Markenzeichen überdauern diese Zeit.

Rasmussen lässt 1918 von dem Konstrukteur Hugo Ruppe einen Zweitakt-Verbrennungsmotor mit nur 25 ccm Hubraum entwerfen. Damit gelingt ihm 1919 bei der Frühjahrsmesse Leipzig der Durchbruch; Rasmussen nennt den Kleinmotor in Anlehnung an die Marke DWK „**D**es **K**naben **W**unsch". Er bildet die technische Grundlage für den erfolgreichen Fahrrad-Hilfsmotor „**D**as **K**leine **W**under".

Erstes DWK-Markenzeichen

Jörgen Skafte Rasmussen

DKW Motorrad mit liegendem Einzylinder-Zweitakt-Motor

DKW mit Dampfantrieb (1917)

1918 – 1920

Audi setzt auf die Linkslenkung

Die Audi-Werke AG in Zwickau richtet ihre Geschäftspolitik nach dem Krieg neu aus. Den Ausschlag gibt die Friedensautomobilausstellung 1919 in Kopenhagen. Hermann Lange gibt nun als Konzept vor, dass weniger Automodelle angeboten werden sollen – dafür jedoch technisch anspruchsvollere!

Bei der Berliner Automobilausstellung zeigt Audi den aufsehenerregenden Typ K 14/50 PS. Er ist das erste in Deutschland gebaute Auto mit serienmäßiger Linkslenkung. Klappbares Lenkrad und Mittelschaltung waren ebenso serienmäßig wie der Zylinderblock aus Aluminium mit einem Kopf aus Grauguss.

Das erste Audi-Logo

Audi C 14/35 PS Phaeton

Linkslenkung und Mittelschaltung serienmäßig

1921

Horch-Achtzylinder von Paul Daimler

Die Modellpalette von Horch besteht 1920 ausschließlich aus Vorkriegskonstruktionen, darunter auch drei Lastwagen-Typen. Für Horch ist es ein Glücksfall, dass sich in Untertürkheim Paul Daimler mit dem Vorstand der Daimler-Werke überwirft. Der Horch-Mehrheitsaktionär Argus in Berlin verpflichtet daraufhin Paul Daimler 1922 als Berater für die Motorenentwicklung bei Horch. Dort spielt er sein ganzes technisches Können aus, das in der Konstruktion eines Achtzylindermotors in Reihenbauweise gipfelt.

Horch 10/35 vor der Hagia Sophia in Istanbul (1923)

Paul Daimler

1922 - 1923

Neue Technik braucht das Auto

Seit Mitte der 20er-Jahre müssen sich die deutschen Auto-Hersteller zunehmend der internationalen Konkurrenz erwehren. Fortschrittliche Technik ist ebenso erforderlich wie wirtschaftlichere Produktionsmethoden. Erste Versuche mit Leichtbauweise werden gemacht, neue Werkstoffe werden dafür entwickelt. Außerdem stehen die 20er-Jahre für den Übergang von der Einzel- zur Reihenfertigung und schließlich zur modernen Fließbandproduktion.

Audi-Logo mit der Ziffer 1 auf der Weltkugel

Audi Typ K mit stromlinienförmiger Karosserie aus Aluminium

1923

Elektrowagen aus Sperrholz

Rasmussen hat eine glückliche Hand bei seinen Personalentscheidungen: Er wird aufmerksam auf Dr. Ing. Rudolf Slaby, der Kleinstwagen mit elektrischem Antrieb konstruiert. In Berlin gründen sie gemeinsam die Slaby-Beringer-Automobilgesellschaft. Genau 2.005 Elektrowagen verlassen das Berliner Werk bis Juni 1924.

Die Bauweise besteht aus einer selbsttragenden Sperrholz-Karosserie, mit Kupferblech überzogen. Ein Elektromotor unter der Vorderhaube leistet 3,5 kW, die Energie liefert eine Bleibatterie.

Die Slaby-Bauweise mit Sperrholz wird auch für die ersten DKW-Kleinwagen übernommen, erstmals zu sehen bei der Leipziger Frühjahrsmesse 1928. Sie treibt ein Zweizylinderreihenmotor mit 600 ccm Hubraum und 15 PS Leistung an.

Mit Dr. Carl Hahn bindet Rasmussen eine weitere Person mit Management-Qualitäten an sich. Hahn führt bei DKW die Ratenzahlung bei Motorrädern ein. Als „DKW Hahn" macht er sich in der Branche rasch einen Namen.

**Elektrowagen
mit Sperrholz-Karosserie**

**Dr. Carl Hahn
(„DKW-Hahn")**

Typenvielfalt bei DKW-Autos und -Motorrädern

1924

Deutschland im Auto-Boom

Mitte der 20er-Jahre erlebt Deutschland einen Auto-Boom: 1924 sind noch 420.000 Autos auf den Straßen unterwegs, vier Jahre später zählt man bereits 1,2 Millionen. Die Automobil-Hersteller wie Horch, DKW und Wanderer reagieren auf die rasant steigende Nachfrage und verdoppeln ihre Produktion zwischen 1925 und 1929. Fließbandproduktion wird immer mehr zum Standard in den Werken.

Horch als Synonym für Qualität

Von 1922 bis 1930 gestaltet Paul Daimler, ein Sohn Gottlieb Daimlers, als Berater die Modellpolitik von Horch. Gefertigt werden fast ausschließlich Achtzylindermodelle, bis zu 15 Stück am Tag. Der Horch 8 gilt bald als das Spitzenfahrzeug der deutschen Automobilindustrie – ein Synonym für Qualität.

10/50 PS Limousine

10/50 PS Phaeton

Horch 10/45 PS Sportwagen

1924 - 1926

Luxuriös unterwegs

Aus dem Vorwort zur Betriebsanleitung für den Audi K: „Ein solches Edelfahrzeug sein eigen zu nennen, ist für den Besitzer eine Art von Legitimation seines guten Geschmacks und seiner Kultur, – ähnlich wie etwa für den Engländer der Oberschichten die Zugehörigkeit zu einem allerersten Club zugleich der Ausweis für seine Vollendung als Gentleman in jedem Sinne ist. Der Besitz eines Audi Wagens legt also auch Gebote des ‚Noblesse oblige' auf ..."

Audi K 14/50 PS Phaeton

Audi M 18/70 PS Fahrgestell

Polizeimannschaftswagen auf Audi E Fahrgestell mit 55 PS-Motor

1925

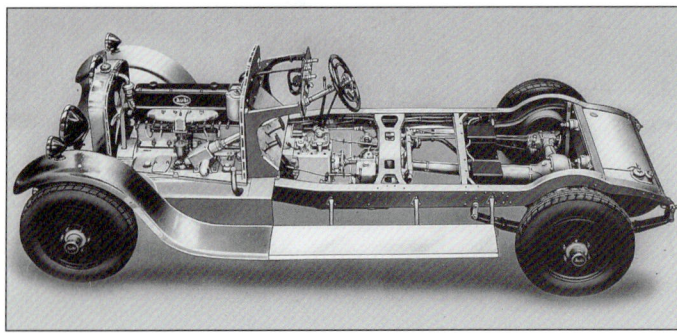

Der erste Achtzylinder von Audi

Als Typ 819 kommt der erste Achtzylinder von Audi auf die Straßen. Dank einer Leistung von 100 PS erreicht er eine Höchstgeschwindigkeit von 110 km/h. Noch bemerkenswerter ist die außerordentliche Elastizität des Wagens: Er lässt sich im höchsten Gang vom Schritttempo bis zur Höchstgeschwindigkeit beschleunigen – völlig ruckfrei!

Wanderer rationalisiert die Produktion

Bei Wanderer stehen alle Zeichen auf Rationalisierung – vom Fahrrad- bis zum Automobilbau. Am neuen Standort in Siegmar werden anfangs 25 Autos täglich hergestellt. Im Jahr 1928 stößt der junge Baron Klaus-Detlof von Oertzen zu Wanderer. Als Vorstandsmitglied verkauft er 1929 die Motorrad-Herstellung, sein Schwerpunkt ist die Automobil-Produktion. Zudem knüpft er für Wanderer den wertvollen Kontakt zu Ferdinand Porsche.

Typ 819 von Audi

R 19/100 PS Sportcabriolet von Audi

Wanderer W 11 10/50 PS

Wanderer W 17 mit Porsche-Motor

Wanderer Sportcabriolet Sechszylinder. mit „Schwiegermutter-Sitz"

1926 - 1928

NSU und der Motorradboom

Das Motorrad wird zum beherrschenden Verkehrsmittel seiner Zeit und löst einen Boom aus, von dem NSU profitiert. Zum guten Ruf der Marke tragen Erfolge im Rennsport bei. So gewinnt Ernst Islinger auf einer NSU 8 PS im Jahr 1923 den „Großen Motorrad-Wanderpreis von Deutschland".

Gleichzeltig vernachlässigt NSU die Modernisierung seines Modellprogramms bei den Personenwagen. Dringend erforderliche Nachfolgemodelle lassen auf sich warten – zu lange. Zuletzt werden die NSU-Wagen unter der Regie von Fiat produziert, bis Ende 1928 der Autobau für viele Jahre eingestellt wird.

Motorrad-Wanderpreis von Deutschland (1923)

Fließband-Montage im NSU-Zweigwerk Heilbronn

1928

Führend in Eleganz , Stil und Technik
Automobile von Horch begeistern mit
ihrer Schönheit, Eleganz und technischen
Überlegenheit. Bei den Schönheitswettbe-
werben zählen sie zu den Seriensiegern.
Auch der wirtschaftliche Erfolg der Horch-
Wagen kann sich sehen lassen: 7.000
Automobile mit dem legendären Achtzylin-
dermotor werden bis Ende 1929 produ-
ziert – dann tritt der Chefkonstrukteur Paul
Daimler in den Ruhestand. Im selben Jahr
rückt William Werner in den Vorstand der
Horchwerke AG auf.

Horch 306 Roadster (1928)

**Horch ist Seriensieger bei Schönheits-
wettbewerben**

William Werner

**Horch Achtzylindermotor in
Reihenbauweise**

1929

Die Fusion rückt näher

Bei der Sächsischen Staatsbank reifen Überlegungen, die wirtschaftlich gesunden Automobilhersteller des Landes unter einem Dach zu vereinen. Seit 1929 ist die Staatsbank bereits zu 25 Prozent an DKW beteiligt. Audi gehört zu diesem Zeitpunkt bereits zu DKW. Horch und Wanderer rücken ebenfalls in den Mittelpunkt einer künftigen Auto Union in Sachsen.

Kleinwagen aus Sperrholz

Bei der Frühjahrsmesse in Leipzig stellt DKW im Jahr 1928 einen neuartigen Kleinwagen vor. Ihn treibt ein Zweitaktmotor mit 15 PS an, die Karosserie besteht aus Sperrholztafeln und einem Holzgerippe als tragende Karosserie, die mit Kunstleder überzogen ist. Auf einen herkömmlichen Rahmen wird verzichtet. DKW baut von diesem Kleinwagen etwa 10.000 Stück.

DKW entdeckt den Rennsport

Die 1925 gegründete Rennabteilung von DKW fährt einen Sieg nach dem anderen ein: 1.000 Renn-Erfolge von DKW-Motorrädern in nur zwei Jahren sind ein zugkräftiges Argument in der Werbung!

1929 gründet Rasmussen schließlich eine weitere Rennabteilung für Automobile. Ein aerodynamisch verbesserter DKW stellt 1930 mit F. C. Meyer bei Paris zwölf internationale Klassenrekorde auf.

Das DKW-Maskottchen

Erstes DKW-Auto mit Hinterradantrieb

DKW-Werk in Berlin-Spandau

DKW-Dame auf der Weltkugel

1929

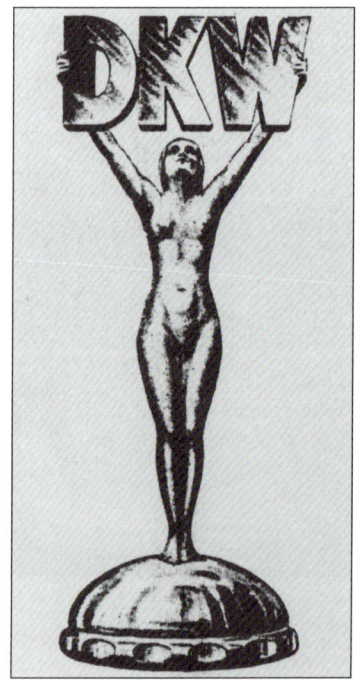

Audi setzt auf den Frontantrieb

Die Konstrukteure Oskar Arlt und Walter Haustein erhalten bei Audi einen wahnwitzigen Auftrag: In höchstens sechs Wochen sollen sie einen Kleinwagen entwickeln! Nach nur 36 Arbeitstagen liefern sie ihr Werk ab, von dem die Audi AG in Zwickau lange profitieren wird. Mit dem neuen Kleinwagen setzt Audi konsequent auf den Frontantrieb – bis heute.

200 Audis pro Jahr

In den Jahren 1921 bis 1932 fertigt Audi 2.500 Personenwagen, im Durchschnitt etwa 200 Wagen pro Jahr. Bei den Preisen bewegt sich Audi in der Spitzenklasse: Der Sechszylinder Typ M kostet 1925 stolze 22.300 Reichsmark, kaum weniger als ein vergleichbar ausgestatteter Maybach mit 25.000 Reichsmark.

DKW Front Kleinwagen, gefertigt im Zwickauer Audi Werk

Audi Typ Dresden mit 75 PS-Sechszylindermotor

Audi Zwickau 100 PS Cabriolet

1930

Horch beherrscht die Luxusklasse

In der Luxusklasse gibt Horch den Ton an: In der Klasse über 4,2 Liter Hubraum kommt im Jahr 1932 fast jedes zweite Fahrzeug von Horch; der Marktanteil beträgt 44 Prozent. Von 1922 bis 1932 baut Horch 15.000 Automobile, davon 12.000 mit Achtzylindermotor.

Für den Tourenwagen 10/50 PS fordert Horch 12.876 Reichsmark im Jahr 1926. Teuerstes Modell ist die Pullman-Limousine mit Zwölfzylindermotor, die 24.500 Reichsmark kostet.

Wanderer wird modern

Als Autohersteller ist Wanderer vor allem in der Mittelklasse etabliert und lebt lange Zeit von seiner Tradition. Als Baron Klaus-Detlof von Oertzen in den Vorstand eintritt, wendet sich das Blatt. Seit 1929 treibt er die Modernisierung voran und investiert zwischen 1929 und 1931 mehr als 11 Millionen Reichsmark in die Automobilabteilung. Die Wagen erhalten Linkslenkung, Mittelschaltung, Mehrscheibentrockenkupplung und weitere technische Neuheiten ihrer Zeit.

Horch Typ 10/50 mit Wechselaufbau

Horch 375 Pullman-Cabriolet

Horch Typ 375 Sedan-Cabriolet

Horch 420 Sportcabriolet

Wanderer Vierzylinder W10/IV

Wanderer W10/IV als Kraftdroschke

1930

Wanderer verpflichtet Porsche

Das Image von Wanderer war zwar solide, aber nicht gerade modern. Mit Hilfe von außen sollte das Unternehmen wieder in die Erfolgsspur finden. Wanderer schließt einen Vertrag mit Ferdinand Porsche als Chefkonstrukteur, der neue Motoren mit sechs und acht Zylinder entwirft. Mit ihrer überzeugenden Leistung dringen die neuen Motoren in den Rennsport vor. Vor allem bei Berg- und Kurzstreckenrennen fahren immer öfter Wanderer-Wagen mit Porsche-Motor vorne mit.

Wanderer W11 Sechsfenster-Limousine

Sechszylinder Wanderer 10/50 PS auf der Berliner Automobilausstellung

1930

DKW-Kleinwagen aus Zwickau

Eine klare Strategie führt zum Erfolg: 1931 fällt die Entscheidung, dass im Werk Zwickau künftig ausschließlich DKW Kleinwagen mit Frontantrieb produziert werden. Damit gelingt der wirtschaftlich wichtige Schritt zur modernen Massenfertigung.

DKW Vierzylinder-Zweitaktmotor mit 22 PS

DKW Front bei der IAA Berlin

Wanderer W11 Pullman-Limousine und Wanderer W10/IV Cabriolet

1931

In Chemnitz entsteht die Auto Union AG
Der 29. Juni 1932 markiert den Zusammenschluss von Audi, Horch und der Zschopauer Motorenwerke J. S. Rasmussen zur Auto Union AG. Von den Wanderer Werken wird die Automobilabteilung übernommen. Vorstandsmitglieder der neuen Auto Union AG sind Dr. Richard Bruhn, Jörgen Skafte Rasmussen und Klaus-Detlof von Oertzen; stellvertretendes Vorstandsmitglied ist Dr. Carl Hahn. August Horch wird in den Aufsichtsrat berufen.

Die ursprünglichen Markenbezeichnungen werden zunächst beibehalten. Im Signet stehen die vier verbundenen Ringe für die Einheit der Gründerfirmen.

Die Vielfalt der Modelltypen bleibt zunächst erhalten. Erst ab dem Jahr 1935 ist ein einheitliches Profil der Auto Union zu erkennen.

Bei der technischen Entwicklung spielt die Kostensenkung inzwischen eine wichtige Rolle. Fahrgestelle, Motoren und Getriebe werden deshalb immer mehr standardisiert, das Baukastenprinzip setzt sich durch.

Dr. Richard Bruhn –
Vorstand der Auto Union AG

Jörgen Skafte Rasmussen –
Vorstandsmitglied der Auto Union AG für Technik

Dr. Carl Hahn –
Vorstandsmitglied der Auto Union AG für Vertrieb (rechte Hand von Rasmussen)

Klaus-Detlof von Oertzen –
gilt als Vater des Signets der vier Ringe

1932

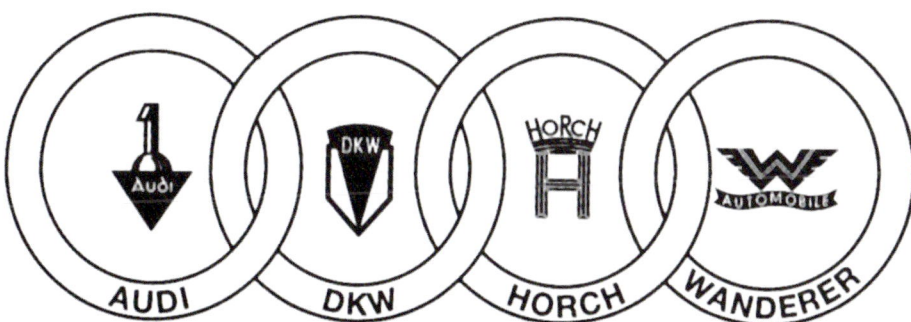

Dr. Richard Bruhn   **J. S. Rasmussen**   **Dr. Carl Hahn**   **K.-D. von Oertzen**

Horch steht für reinen Luxus

Unter dem Dach der Auto Union fertigt
Horch die teuersten Wagen, die für reinen
Luxus stehen. Der Typ 670 ist als Cabriolet
mit zwei oder vier Türen erhältlich, mit der
Bezeichnung Typ 600 als Pullman-Limou-
sine oder -Cabriolet. Außergewöhnliche
Details wie eine dreiteilige Windschutz-
scheibe, deren Mittelteil nach außen
geklappt werden kann, sowie eine üppige
Innenausstattung sind typisch für den
Horch 670.

Horch 670 Sportcabriolet

Horch 780

Audi Dresden 75 PS Cabriolet

Wanderer Cabriolet mit Porsche-Motor

1932

Das Zeitalter der Massenmotorisierung
In den 30er-Jahren beginnt die Massenmotorisierung in Deutschland mit einer
rasch steigenden Zahl an Motorrädern und
Automobilen. Letztere dienen hauptsäch-
lich der Personenbeförderung, die individuelle Mobilität erreicht eine neue Qualität.
Die Automobil-Industrie wird getragen
von einem hohen Absatz an Kleinwagen,
auch die Nachfrage nach Automobilen der
Mittel- und Oberklasse nimmt zu.

Aufschwung bei der Auto Union
Kaum gegründet erwirbt sich die Auto
Union in Chemnitz einen Spitzenrang als
zweitgrößtes Automobilunternehmen in
Deutschland.

**Die erste autobahn-ähnliche Überland-
straße Deutschlands verbindet Köln mit
Bonn**

1932

Stoßverkehr
am Pariser Platz in Berlin

Sportlichkeit und Stromlinienform

Wenn das Auto auf Wunsch der Kunden Bequemlichkeit und viel Raum bieten soll, geht das zu Lasten der Leistung. Mitte der 30er-Jahre stellen Audi-Fahrer neue Ansprüche an ihr Fahrzeug: Es soll nun eher dynamisch und sportlich, aber gleichzeitig kompakt sein.

Der Audi-Vorstand setzt deshalb auf Sportlichkeit und eine zahlungskräftige Kundschaft, die technische Finessen zu schätzen weiß. Erste Versuche mit stromlinienförmigen Karosserien verdeutlichen auch äußerlich das neue Markenkonzept von Audi.

Audi-Versuchswagen mit Stromlinien-Karosserie

Audi Front Spezial Coupé für 2.000 km-Fahrt

1933

Horch fährt der Konkurrenz davon
Qualität und Luxus begründen den ausgezeichneten Ruf der Horch-Automobile.

Das Erfolgsgeheimnis sind die außerordentliche Laufruhe der großen Horch-Motoren mit acht oder zwölf Zylindern und die hohe Verarbeitungsqualität. Es zahlt sich aus, dass eine ganze Reihe erst-

klassiger Techniker und Konstrukteure in Zwickau für Horch arbeiten. Vor allem bei den Achtzylinder-Motoren erreicht Horch Absatzzahlen, von denen die Mitbewerber nur träumen können.

Spezial-Coupé auf Horch 830 Fahrgestell für die 2.000 km-Fahrt

Horch 500 B Pullman-Cabriolet

Horch 780 Sport Cabriolet

Wanderer W22 Cabriolet

1933

Frischer Wind bei Wanderer

Automobile von Wanderer gelten als langstreckentauglich, aber auch konservativ. Frischen Wind für die Marke bringen zunächst die Sechszylindermotoren von Porsche. Später folgen neue Fahrwerke mit Pendelachse hinten und Einzelradfederung vorne sowie moderne Karosserien.

Auto Union im Rennsport

Die Auto Union gründet 1934 in Chemnitz eine Rennsportabteilung ausschließlich für Automobile. Ein Jahr danach stellt die Auto Union ihren eindrucksvollen Rennwagen vor, den ein 16-Zylindermotor hinter dem Fahrer antreibt. Hans Stuck fährt damit am 6. März 1934 auf der Berliner Avus Weltrekord.

Wanderer W22 mit Porsche-Motor

Auto Union Rennwagen Typ B

Emblem der Auto Union

Hans Stuck auf Auto Union Typ A

1934

Vom Nebeneinander zum Miteinander

Auf dem Automobilmarkt erarbeitet sich die noch junge Auto Union AG in Chemnitz rasch einen beachtlichen zweiten Rang. Das Logo mit den vier Ringen steht für die Verbindung der vier Gründerfirmen, doch von einer Einheit ist anfangs wenig zu sehen: Jede Marke betreibt ihre eigenständige Typenpolitik. Seit 1935 setzt sich eine Vereinheitlichung durch, aus dem Nebeneinander wird ein Miteinander. In Chemnitz entstehen das Zentrale Konstruktionsbüro (ZKB) und die Zentrale Versuchsabteilung (ZVA) der Auto Union; sie verantworten die gemeinsame technische Entwicklung. So entstehen Modelle wie der Audi 920, der DKW F 9, der W23 und W24 von Wanderer sowie der Horch 930 S.

Auto Union auf der IAA in Berlin

Audi Front Roadster

Stromlinienkarosserie von Jaray auf Audi Front-Fahrgestell

1935

DKW – das Klassenfahrzeug

Je nach Leistung unterscheidet DKW zwischen der „Reichsklasse" (600 cm³ / 18 PS) und „Meisterklasse" (700 cm³ / 20 PS). Die Frontantriebswagen werden ständig verbessert und sind auch im Blick auf die spezifische Leistung von 30 PS pro Liter Hubraum führend.

Schöner fahren mit Horch

Fast sechs Meter in der Länge misst das neue Horch Sportcabriolet, das erstmals bei der Automobilausstellung 1935 in Berlin zu sehen ist. Die ästhetisch perfekt gestaltete Karosserie wird von einem neu entwickelten Fahrgestell getragen mit vorderer Schwingachse und einer hinteren Doppelgelenkachse nach dem De-Dion-Prinzip.

Wanderer mit Kompressor

Baukastensystem und rationelle Fertigung verhelfen der Marke Wanderer zu ungeahnten Erfolgen. Neben dem W24 mit Vierzylindermotor und dem W23 mit Sechszylindermotor markiert der W25K neue Sportlichkeit: Der Sportwagen besitzt den bekannten Porsche-Sechszylinder, jedoch mit Kompressor und neuartigem Schwebeachsenfahrgestell.

DKW Front Luxus Zweisitzer   **Horch 853 Sport Cabriolet**

   Wanderer W 50 Cabriolet   **Wanderer W 25 K Roadster**

1935 - 1936

Horch erkennt neue Trends

Technisch sind die Horch-Automobile immer auf dem neuesten Stand und deshalb der Konkurrenz deutlich voraus. So verpasst die Auto Union dem Horch 930 S eine aufsehenerregende Stromlinien-Karosserie, die nach den Ideen von Paul Jaray im Windkanal entwickelt wird. Auf eine B-Säule wird bewusst verzichtet, die vorderen Einzelsitze ersetzt eine durchgehende Sitzbank. Früher als die Mitbewerber erkennt die Auto Union künftige Entwicklungen in der Automobiltechnik – und wendet diese auch erfolgreich an.

Besucher aus Fernost interessieren sich für Horch bei der IAA 1937 in Berlin

1937

Automobiles Freizeitvergnügen im Wanderer W 24 Cabriolet

DKW schlägt alle Absatzrekorde

Seit der Gründung der Auto Union AG entwickeln sich die vier Marken allesamt positiv, jedoch mit deutlichen Unterschieden. Horch kann seinen Umsatz verdoppeln und Wanderer verkauft das Fünffache. DKW schlägt jedoch alle Absatzrekorde und steigert sich um das Zehnfache! Zusammen kommt Auto Union auf 35 Prozent aller in Deutschland zugelassenen Motorräder, bei Automobilen auf 27 Prozent. Vor allem Behörden und die Wehrmacht vertrauen auf Fahrzeuge mit den vier Ringen.

Die DKW Frontwagen sind gefragte Modelle für den Export

DKW Sonderklasse mit Karosserie aus Stahlblech

1938

München – Berlin unter vier Stunden

Horch Automobile gelten als schnelle und langstreckentaugliche Reisewagen, wie eine Testfahrt der „Allgemeinen Automobil Zeitung" bestätigt. In einem Horch 930 V mit 92 PS aus 3,8 Liter Hubraum fahren die Tester in nur drei Stunden und 53 Minuten von München nach Berlin. Auf der 529,9 Kilometer langen Autobahnstrecke erreichen sie eine Durchschnittsgeschwindigkeit von 136 km/h!

Der Horch 930 V besitzt als technische Finesse ein „Autobahngetriebe", das die Drehzahl senkt. Es ist ein zusätzliches Synchron-Planetengetriebe mit direktem Gang und einer Übersetzung als Autobahngang. Horch nimmt damit den Effekt eines Overdrives oder Schongangs vorweg.

Horch 930 V Schiebedach-Limousine

Horch 855 Spezial Roadster

Pullman-Wagen mit Trennwand zwischen Fahrgast und Fahrer

1938

Auto Union investiert in den Rennsport

Mit dem Auto Union Typ A beginnt 1934 die Reihe der leistungsstarken Rennwagen der Auto Union, gefolgt vom Typ B (1935) und Typ C (1936 und 1937). Der Hubraum wächst auf bis zu sechs Liter, die Motoren leisten deutlich mehr als 500 PS. Als das Reglement den Hubraum auf drei Liter begrenzt, entwickelt Auto Union den Rennwagen vom Typ D. Er trägt nach der Trennung von Porsche die Handschrift des Versuchsingenieurs Eberan-Eberhorst: Zwölfzylinder in V-Form mit Kompressor und fast 500 PS.

Die Investitionen der Auto Union in den Grand Prix-Sport belaufen sich auf zusammen 14,2 Millionen Reichsmark.

Allein im Jahr 1939 werden 15 Rennwagen fertiggestellt.

Auto Union Rennwagen Typ D

Auto Union Rennwagen Typ D mit Stromlinienkarosserie

Eifelrennen 1937:
V. l. Ferdinand Porsche, Rennfahrer
Bernd Rosemeyer, August Horch

1937 – 1939

Lange Lieferzeiten

Die Automobile von Horch sind so gefragt, dass sich die Lieferzeit im Sommer 1939 auf 21 Monate ausdehnt. Bei den Neuzulassungen erreicht Horch 1938 in Deutschland 21,7 Prozent in der Klasse zwischen drei und vier Liter Hubraum, in der Klasse über vier Liter Hubraum sogar 55 Prozent. Die Horch Werke beschäftigen mehr als 3.000 Arbeiter und Angestellte.

Das Horch-Logo und die vier Ringe der Auto Union erstmals vereint

Die Rennfahrer Walfried Winkler und Ewald Kluge begutachten den neuen Audi 920

1939

Demontage und Löschung

Für einen Teil der deutschen Automobilindustrie bedeutet das Kriegsende das endgültige Aus: In der sowjetischen Besatzungszone werden ganze Fabriken demontiert und abtransportiert, unter anderem Horch, DKW und Audi. Die Auto Union wird enteignet und verschwindet 1948 aus dem Handelsregister – nichts bleibt übrig vom einstmals zweitgrößten Autohersteller Deutschlands.

Produktion unter beengten Verhältnissen

Der lange Weg zurück

Im Jahr 1949 startet die Auto Union ihren Wiederbeginn in Ingolstadt, bald werden die ersten Autos ausgeliefert. Zahlreiche ehemalige Arbeiter und Angestellte der Auto Union ziehen von Sachsen nach Bayern. Als einziges Automobil-Unternehmen gelingt der Auto Union der Neustart aus dem Nichts.

Ingolstadt: Neustart aus dem Nichts

Schnelllieferlastwagen F 89 L

Neugründung der Auto Union GmbH

Mit einem Stammkapital von drei Millionen DM wird am 3. September 1949 die „neue" Auto Union GmbH gegründet. Zur Hannover Messe stellt das Unternehmen den DKW Schnelltransporter mit Frontantrieb und Zweitaktmotor vor. Das modern konzipierte Fahrzeug trifft genau die Bedürfnisse der damaligen Zeit und wird zum ersten Erfolgsmodell des neuen Unternehmens.

1940 – 1949

Auto Union baut wieder Personenwagen

Nach dem Erfolg des DKW Schnelltransporters beginnt die Auto Union im Sommer 1950 wieder mit dem Bau von Personenwagen. Als Vorlage dienen die serienreifen Pläne für das DKW-Modell F 9 aus der Vorkriegszeit. Trotz guter Verkaufszahlen leidet die Auto Union unter anhaltendem Geldmangel. Glücklicherweise erinnert sich in dieser Zeit der Schweizer Großkaufmann Ernst Göhner an seine Geschäftsbeziehungen zur Auto Union in den 30er-Jahren. Er steuert 2,5 Millionen DM zum Stammkapital der Auto Union GmbH bei und wird neben dem Bankhaus Oppenheim zum Hauptgesellschafter. Damit sind die Kapitalnöte des Unternehmens überwunden.

In einem Horch des Berliner Senats fährt Bundeskanzler Konrad Adenauer durch Berlin

DKW F 10 Cabriolet

DKW F 89 Meisterklasse Limousine

1950

Stahlblech statt Holz für die Karosserie

Für den DKW F 8 bietet die Karosserie-baufirma Baur in Stuttgart Karosserien aus Stahlblech an als Alternative für die stets von Verwitterung bedrohten Holz-karosserien. Nun liefert die Auto Union F8 Fahrgestelle nach Stuttgart, wo Baur die Autos als Limousine oder Cabriolet mit der Bezeichnung DKW F 10 fertigstellt. So können Händler und Kunden weiter an die Marke DKW gebunden werden. Derweil produziert die Auto Union in ihrem neuen Werk Düsseldorf den DKW F 89 P mit der bekannten Zusatzbezeichnung „Meister-klasse". Die Varianten: Limousine, viersit-ziges Cabriolet von Karmann, zweisitziges Cabriolet und Coupè von Hebmüller. Hinzu kommt ein „Universal" genannter Kombi.

Bei der Vorstellung des ersten DKW-Personenwagens nach dem Krieg:
V. l. Dr. Richard Bruhn, Walter Ostwald, Dr. August Horch und Dr. Carl Hahn

DKW F 89 Meisterklasse bei der Fahr-zeugübergabe im Werk Düsseldorf

1950

August Horch stirbt

Am 3. Februar 1951 stirbt August Horch im Alter von 83 Jahren im oberfränkischen Münchberg, wo er seit dem Zweiten Weltkrieg wohnt. Beigesetzt wird er in seiner Geburtsstadt Winningen/Mosel, deren Ehrenbürger er seit 1949 ist. Die Stadt Zwickau widmet ihm ein eigenes Museum.

1951

Straßenverkehr im Wirtschaftswunder

Am schnellen Wandel des öffentlichen Straßenverkehrs lässt sich der wirtschaftliche Aufschwung in den Nachkriegsjahren verfolgen. Sichert zunächst das Fahrrad das Fortkommen, wird es rasch vom Motorrad abgelöst und in den 50er-Jahren vom Automobil. Individuelle Mobilität gilt als hohes Gut und steht sinnbildlich für Wohlstand, Fortschritt und wirtschaftlichen Aufschwung. Das eigene Auto verspricht persönliche Freiheit, bald macht zur Urlaubszeit das Schlagwort von der „Reisewelle" die Runde. Für die deutsche Automobilindustrie brechen goldene Zeiten an mit immer höheren Absatzzahlen. Sie wird damit zum Motor des deutschen Wirtschaftswunders.

Verkehrsszene am Münchner Stachus: Vor allem das Fahrrad sichert die persönliche Mobilität im Jahr 1950

Das Auto beherrscht schon wenige Jahre später das Straßenbild

1951

NSU schreibt Erfolgsgeschichten

Mit zahlreichen Rennerfolgen und Weltrekordfahrten schreiben die Zweiräder von NSU eine einzigartige Erfolgsgeschichte. So erreicht Wilhelm Herz auf einer 500er-Maschine eine neue Spitzengeschwindigkeit von 290 km/h; acht weitere Weltrekorde folgen. Rennversionen der NSU-Modelle Fox und Max werden aus den Serienmodellen entwickelt. Sie behaupten sich auf Anhieb auf der Rennstrecke. Im Jahr 1953 nimmt NSU an der Weltmeisterschaft teil und gewinnt mit dem Rennfahrer Werner Haas die 125er- und die 250er-Klasse. In diesen Klassen holt er zudem die Titel eines deutschen Meisters.

„Fixe Fahrer fahren Fox!" So wirbt NSU in den 50er-Jahren

Mit Ewald Kluge (Startnummer 170) knüpft NSU an frühere Rennerfolge an

NSU Quickly: typisches Zweirad des deutschen Wirtschaftswunders

1952 – 1953

Friedrich Flick entdeckt die Auto Union

Der Industrielle Friedrich Flick entdeckt die Autoindustrie als neues Feld für Investionen. Er beteiligt sich, zunächst verdeckt, an den Automobilwerken in Düsseldorf und Ingolstadt. Nach mehreren Kapitalerhöhungen verfügt er über einen beträchtlichen Anteil an der Auto Union.

Motorradgeschäft bricht ein

Nochmals neue Modelle entwickeln oder aufgeben? Die Auto Union steht vor einer schwierigen Entscheidung, als Mitte der 50er-Jahre das Motorradgeschäft dramatisch einbricht; immer mehr Käufer wollen ein Auto. Schließlich verkauft die Auto Union ihre komplette Motorradproduktion an die Victoria AG in Nürnberg.

DKW F 91 als Sonderausführung für die Polizei.

Robert Eberan-Eberhorst,
Geschäftsführer Auto Union GmbH

Formvollendet: DKW 3=6

DKW 3=6 als zweisitziges Cabriolet

1954 – 1955

Rekorde auf zwei Rädern

NSU erregt Ende 1954 großes Aufsehen mit dem Entschluss, nicht mehr an Rennen teilzunehmen und künftig nur noch Privatfahrer zu unterstützen. Die Rennerfolge mehren sich dennoch: H. P. Müller wird 1955 als Privatfahrer Weltmeister in der 250er-Klasse. Schließlich entwickelt der Grafiker Gustav Adolf Bamm besonders strömungsgünstige Verkleidungen für NSU-Zweiräder, die atemberaubende Geschwindigkeiten von bis zu 339 km/h erreichen. Im Jahr 1956 hält NSU sämtliche Weltrekorde für Zweiräder!

H. P. Müller und Wilhelm Herz (rechts) vor ihren NSU-Weltrekordmaschinen

DKW mit Kunststoffkarosserie holt in Monza den Langstreckenweltrekord

Die „Hummel" ist das erste Moped von DKW

1956

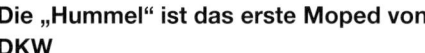

Die neue Tochter von Daimler-Benz

Der ständige Kampf der Auto Union gegen ihre dünne Kapitaldecke weckt das Interesse anderer Konzerne an einer Übernahme. So kommt es 1957 zu ersten Gesprächen mit Ford.

Im Hintergrund zieht Friedrich Flick die Fäden bei der Auto Union. Er bewirkt, dass die Daimler-Benz AG mehrere Aktienpakete von den Männern der ersten Stunde erwerben kann. Flick selbst ist wiederum mit 38 Prozent an Daimler-Benz beteiligt. Noch bevor es zu einer Einigung mit Ford kommt, fädelt Flick den Verkauf der Auto Union an Daimler-Benz ein – gemeinsam mit Hermann Josef Abs, dem Vorstandssprecher der Deutschen Bank. Am 26. April 1958 ist der Handel unter Dach und Fach: 88 Prozent der Auto Union gehören nun der Daimler-Benz AG. Als am 21. Dezember 1959 die restlichen Auto Union-Anteile den Besitzer wechseln, ist die Auto Union eine 100-prozentige Tochter der Daimler-Benz AG.

Auto Union 1000 Sp bei der Automobilausstellung in Frankfurt

Ohne Chance auf Serienfertigung: Auto Union 1000 Sp als Coupé, entworfen von Fissore in Italien

1957 – 1959

Neue Fabrik für die Auto Union

Mit der Übernahme durch Daimler-Benz sind die Kapitalprobleme der Auto Union gelöst. Was jetzt noch fehlt, sind neue Auto-Modelle. Zu diesem Zweck wird in Ingolstadt eine völlig neue Fabrik gebaut. Dort läuft bald der neue DKW Junior vom Band.

Mit dem modernen Kleinwagen gelingt es der Auto Union, ihren Umsatz innerhalb von drei Jahren zu verdoppeln. Mit mehr als 800 Mio. DM Umsatz wird 1962 zum besten Geschäftsjahr seit Kriegsende.

Im Sommer 1963 folgt der F 102 auf den Auto Union 1000 Sp. Das neue Modell ist zwar mit Scheibenbremsen vorne ausgestattet, hat aber immer noch einen Zweitaktmotor.

Felix Wankel und NSU

Felix Wankel und NSU bringen den revolutionären Kreiskolbenmotor zur Serienreife. Die Dreikammerbauweise bringt den entscheidenden Durchbruch. 1963 zeigt NSU bei der Automobilausstellung in Frankfurt das erste serienmäßige Auto mit Kreiskolbenmotor.

Prominente wie die Filmschauspielerin Romy Schneider oder der Boxer Max Schmeling fahren in den 50er-Jahren das Spitzenmodell von DKW

Erstes Serienauto mit Kreiskolbenmotor: NSU Wankel Spider

1960 – 1963

VW übernimmt Regie bei Auto Union

VW besitzt nunmehr 50,3 Prozent der Auto Union-Aktien und hat jetzt das Sagen in Ingolstadt. Die restlichen Anteile übernimmt VW nach und nach bis Ende 1966. Auto Union wird letztlich zu einer 100-prozentigen Tochter der Volkswagen AG.

Der Käfer rettet Ingolstadt

Die Ära des Zweitakters ist unwiderruflich zu Ende, doch bei der Auto Union stehen noch gut 30.000 solcher Autos auf Halde. Der Nachfolger des F 102 kommt möglicherweise zu spät für die 12.000 Beschäftigten der Auto Union in Ingolstadt.

VW ordnet die Produktion des Käfers in Ingolstadt an und stellt dadurch die Vollbeschäftigung sicher.
Von Mai 1965 bis Juli 1969 werden in Ingolstadt 347.869 VW Käfer produziert.

Hauptsache Heckflosse: DKW 1000 Sp Coupé.

Mit Zweitaktmotor: DKW F 102 Limousine.

DKW 1000 Sp als Roadster.

1964

Audi setzt auf den Mitteldruckmotor

Erst seit 1965 arbeiten Viertakt-Motoren unter der Audi-Haube; deutlich später als bei den Mitbewerbern. Audi setzt auf einen sehr hoch verdichtenden und damit leistungsstarken Motor: Er wird unter dem Namen Mitteldruckmotor vermarktet, weil seine Verdichtung ungefähr zwischen herkömmlichen Otto- und Dieselmotoren liegt. Der Mitteldruckmotor ist Grundlage für ein neues und attraktives Modellprogramm bei Audi.

Vom Audi 72 zum Audi Super 90

Audi verwendet für seine neuen Modelle keine Zusatznamen, sondern lediglich die PS-Zahl. Einstiegsmodell ist zunächst der Audi 72, auf den 1966 der 80 PS starke Audi folgt. Die Spitze des Modellprogramms markiert der üppig ausgestattete

Audi Super 90. 1968 bringt Audi schließlich den Audi 60 mit 55 PS-Motor auf den Markt. Das Einsteigermodell gibt es als zwei- und viertürige Limousine; es verkauft sich am besten. Ergänzt werden die Limousinen durch Kombimodelle, die bei Audi den Namen Variant tragen.

Dr. Rudolf Leiding und Dr. Ludwig Kraus (links am Wagen) stellen den ersten neuen Audi vor

Der neue Audi mit Viertaktmotor auf dem Genfer Automobilsalon

1965 – 1968

Geheimsache Audi 100

Der Erfolg der neuen Audi-Modelle sporn die Entwicklungsabteilung und den Technik-Chef Ludwig Kraus an. Ein größeres Modell mit starkem, aber verbrauchsarmem Motor und leichter Karosserie sollte der Konkurrenz das Fürchten lehren. Allerdings ist die Entwicklung neuer Modell-Typen ausschließlich der Wolfsburger Zentrale vorbehalten – so will es ein Vorstandsbeschluss. Kraus hält dennoch an seinen Gedanken fest: Den Audi 100 entwickelt er unter dem Siegel der Verschwiegenheit.

Mit klug eingefädelten Winkelzugen gelingt es Kraus und seinem Mitstreiter Rudolf Leiding, dass der VW-Vorstand die Produktion genehmigt. Damit ist der Weg frei für den Audi 100, der im Herbst 1968 präsentiert wird. Für Audi ist das neue Modell in mehrfacher Hinsicht von großer Bedeutung: Das Unternehmen stößt damit in die gehobene Mittelklasse vor. Der Verkaufserfolg macht die Ingolstädter unabhängig von der Käferproduktion und sichert letztlich die Eigenständigkeit der Marke Audi.

Audi schluckt NSU

Eine Übernahme von NSU hat Audi schon länger im Blick. Nicht zuletzt soll dadurch ein Konkurrent vom Markt genommen werden. Schwierige Verhandlungen und ein hoher Aktienkurs verzögern das zunächst. Doch am 10. März 1969 wird der Fusionsvertrag unterzeichnet. Die Audi NSU Auto Union AG mit Sitz in Neckarsulm entsteht.

Spitzenmodell Audi 100 S

Dr. Ludwig Kraus, Entwicklungschef

1969 – 1970

Baukastenprinzip und Kleinwagen
Ludwig Kraus verwirklicht die Idee des
Baukastenprinzips. Motor und Fahrwerk
sind technisch auf dem neuesten Stand,
als der Audi 80 im Sommer 1972 auf den
Markt kommt. Ein weiterer Verkaufsschla-
ger für Audi.

Die Ölkrise trifft die Autoindustrie hart.
Doch Audi ist vorbereitet. Für den 3,50
Meter kurzen Audi 50 mit 50 PS Leistung,

zwei Türen und Heckklappe sind produk-
tionsreife Pläne vorhanden. Der moderne
Kleinwagen bewährt sich und bildet das
Vorbild für den späteren Polo von Volkswagen.

Audi 50   **Die zweite Generation des Audi 100**

1971 – 1973

Oberklasse und Allrad

Mit dem Audi 200 stößt Audi auch in die automobile Oberklasse vor. Für weltweites Aufsehen sorgt der Audi quattro mit seinem permanenten Allradantrieb. Er steht wie kein anderes Modell für den Audi-Slogan „Vorsprung durch Technik".

Dr. Rudolf Leiding

Jahrgang 1914, ab 1965 Vorsitzender der Auto Union GmbH in Ingolstadt, ab 1971 Vorstandsvorsitzender der Audi NSU Auto Union AG.

Dr. Ludwig Kraus

Jahrgang 1911, ab 1969 Vorstandsmitglied der Audi NSU Auto Union AG, zuständig für Entwicklung.

Dr. Ferdinand Piëch

Jahrgang 1937, wird 1975 in den Vorstand der Audi NSU Auto Union AG als Verantwortlicher für die technische Entwicklung berufen.

Dr. Wolfgang R. Habbel

Jahrgang 1924, von 1979 bis 1987 Vorstandsvorsitzender der Audi NSU Auto Union AG bzw. ab 1985 der AUDI AG

Dr. Ing. Franz-Josef Paefgen

Jahrgang 1946, Eintritt 1980 bei der Audi NSU Auto Union AG, zuständig für den Bereich Konstruktion.

Gottlieb M. Strobl

Jahrgang 1916, 1979 bis 1987 Mitglied des Aufsichtsrats der Audi NSU Auto Union AG.

Oberklassemodell Audi 200   **Audi quattro mit Allradantrieb**

1974 – 1980

Dr. R. Leiding   **Dr. Ludwig Kraus**   **Dr. Ferd. Piëch**   **Dr. W. R. Habbel**   **Dr. F.-J. Paefgen**   **Gottlieb M. Strobl**

Permanenter Allradantrieb

Der permanente Allradantrieb auf Wunsch für alle Audi-Modelle wird bald zum Alleinstellungsmerkmal. Nach dem legendären Audi quattro erhalten auch die Modellreihen 80, 100 und 200 dieses technische Highlight als Sonderausstattung. Mit Allrad für den Alltag löst Audi einen Trend in der Automobilindustrie aus, dem sich kein Hersteller entziehen kann.

Audi beherrscht den Rallye-Sport

Mit seinem Allradantrieb ist der Audi quattro wie geschaffen für den Rallye-Sport. Von 1981 an sammelt das Werksteam aus Ingolstadt beständig Siege bei den internationalen Rallyes. Hannu Mikkola, Stig Blomqvist oder Walter Röhrl fahren für Audi ebenso wie die Französin Michelle Mouton. 1982 gewinnt Audi die Markenweltmeisterschaft, es folgen zahlreiche

nationale und Meisterschaften in Europa und Übersee. Den Höhepunkt markiert das Jahr 1984: Audi wird Rallye-Markenweltmeister und Stig Blomqvist holt die Fahrerweltmeisterschaft. Unvergessen ist auch der dreifache Sieg von Audi bei der Rallye Monte Carlo in jenem Jahr, die Walter Röhrl zum Sieger hat.

Audi 80 quattro

Dreifacher Sieg für Audi bei der Rallye Monte Carlo

1981 – 1984

Die Audi AG entsteht

Bereits im Frühjahr 1977 endet mit dem letzten RO 80 mit Wankelmotor die Geschichte der NSU-Automobile, die Marke NSU verliert ihre Daseinsberechtigung. Das Ende einer langen Ära folgt erst 1985: Die Audi NSU Auto Union AG wird in die AUDI AG überführt, der Sitz des Unternehmens von Neckarsulm nach Ingolstadt verlegt.

Neues Erscheinungsbild

Aus der langen Vorgeschichte der AUDI AG sind die vier Ringe geblieben; sie stehen für die ehemals eigenständigen Marken der früheren Auto Union. Ihr Wiedererkennungswert ist so hoch, dass sie bis zum heutigen Tag das Corporate Design des Konzerns prägen. Der Audi-Schriftzug ist inzwischen in einem Rot angelegt, der die Dynamik der Marke symbolisieren soll.

Bis heute wirbt Audi mit dem Slogan „Vorsprung durch Technik", erstmals im Jahr 1971 in einer Werbeanzeige für den NSU RO 80 verwendet.

Das Audi-Center in Ingolstadt

Das Audi-Logo mit den vier Ringen

1985